GRAND'RUE
13520 LES BAUX-DE-PROVENCE
TÉL / FAX : 04 90 54 40 61
e-mail : terresdelumiere@free.fr

D1532449

AUX BAUX DE PROVENCE

le 14 Avril 2001

Préface

Je grimpe dans les Calanques depuis plus de 25 ans.
Quelques fois je me contente d'y admirer la lumière
qui fuse entre mer et calcaire.
A force de naviguer dans ces grands vaisseaux de pierre qui fendent les vagues,
j'ai encouragé celui qui avait un appareil photo "vissé sur l'œil" à saisir l'éphé-
mère lumineux et ce semblant d'éternel du rocher.
J'ignorais ce qu'il oserait en faire, mais j'étais certain que
"Fernando de Cassis"
allait engranger une authentique moisson de rêves.
Je savais qu'il saurait la partager avec les amateurs de ce splendide
et fragile pays. On ne partage bien que ce que l'on aime...

Ce "Terre des Calanques" témoigne de la passion que l'on peut ressentir pour
cette frontière du sud, parfois victime de son aura.

Dans ce livre Féfé, photographe et grimpeur, pose un regard intime
qui nous invite à visiter son jardin secret.
Un regard qui se doit d'être renouvelé sans cesse.

Devoir accompli pour mon ami.

... à Inacio et Guy.

TERRE
DES
Calanques

(lumières)

Textes et Photographies de Fernando Ferreira

(arbre à lumière, Gineste, avril 1997)

(lumières)

" La lumière est la seule chose que nous ne puissions voler,
imiter, ou même contrefaire". Henri Miller

Comme dans la vie des hommes,
la naissance d'un livre tient parfois plus d'un accident que d'une volonté.
On croise des idées, on imagine des liens entre des images, on invente des scénarios ;
petit à petit, inconsciemment, de cette matière première naît l'objet livre.
Quand j'ai débuté cette série d'images,
je projetais de faire simplement un article sur un an de vie au pays des Calanques.
Mais au bout des quatre saisons je n'étais pas satisfait,
je n'avais pas réussi à trouver ce que je cherchais.
J'ai grillé des dizaines et des dizaines de pellicules supplémentaires,
et discrètement est apparue en subliminal l'idée du livre et son fil rouge : la lumière.
Une lumière à l'état brut, sans artifice, libre.
En donnant naissance aux images, on pourrait croire que le photographe a ainsi achevé son travail de création...
Mais les photos ne sont que l'embryon du livre. Ensuite il faut le faire naître, vivre, le nourrir, le diffuser.
Là commence une autre aventure.
Donner vie à un livre demande beaucoup de patience, de volonté, et l'aide et la confiance de quelques amis.
"Terre des Calanques" a vu le jour après plus de trois ans de travail sur le terrain accidenté des Calanques,
et plus d'un an dans les méandres virtuels du montage financier.
La réalisation de ce livre m'a beaucoup appris.
Entre autre que certaines expériences ne peuvent être partagées, même lorsqu'on tend à les refléter dans les images.
Espérons en toute simplicité que le lecteur apprendra, ou ré-apprendra, à regarder cette
"Terre des Calanques"
avec un oeil encore plus reconnaissant pour ce merveilleux spectacle qu'offre gratuitement la Nature.
Cette Nature bien peu rancunière compte tenu de tous les dangers
que nous lui faisons courir quotidiennement.

Au travers des photos de ce livre, j'ai voulu fixer la réalité dans ce qu'elle a de plus beau et de plus simple,
et c'est la lumière qui révèle la véritable Nature
de ce monde de pierre, d'hommes et de mer.

TERRE
DES
Calanques

Les mimosas s'éteignent à petit feu jaune
les couleurs de la terre se drapent d'arcs-en-ciel
dans la garrigue les orages remontent en pointillé
les odeurs d'un été annoncé
...

La lumière se fait jeu

printemps

(mer de nuages, Castelvieil, mars 1999)

(pointus, Cassis, mai 1998)

(Calanques, avril 1997)

(orage, Cassis, mai 1997)

(la jetée, Cassis, mai 1997)

(Castelvieil
mai 1998)

(le "Encore un boù", Pointe Cacau, avril 1999)

(Ben, au-dessus...

... des vignes, avril 1998)

(jour de mistral, avril 1998)

(Les Janots, mars 1998)

(Carnaval
mars 1997)

(Grande Plage, Cassis, mai 1999)

(randonnée, l'Oule, mars 1998)

(mer de nuages, mai 1999)

(Cap Canaille, avril 1998)

(reflets, avril 1998)

(Patrick, mars 1999)

(surfeur, avril 1998)

(Cassis, mai 1997)

(Calanques au couchant, mai 1999)

(pêcheur au filet, mars 1997)

(phare, Cassis, avril 1998)

TERRE
DES

La chaleur s'allonge mollement sur les dalles de calcaire blanc
dans les pins les cigales strient l'air d'un chant continu
sur un océan de tranquillité la mer calme se repose
naviguant nonchalamment en voilier en pointu
...

La lumière se fait bleue

été

(solitude, Cassidaigne, juillet 1999)

(pêcheur au port, Cassis, juin 1998)

(jeu de silhouettes, août 1997)

(feu d'artifice du 14 juillet 1998)

(vue sur Cassis, juin 1997)

(phare de Cassis, août 1998)

(pointu "Fanfan-Marion", juin 1999)

(tempête par mistral, juin 1998)

(vol de mouettes, juin 1998)

(pêche au large
"La Cigale"
juillet 1998)

(bouillonnement, pointe du Corton, juin 1997)

(randonnée, Cap Canaille, juillet 1998)

(île de Riou, juillet 1999)

(pin solitaire, août 1997)

(trois mâts, juin 1998)

(nuages, juin 1999)

(phare de Cassidaigne, juillet 1998)

TERRE
DES

Dans un festival de lumières
le soleil distille ses derniers rayons de braise
et tombe le rideau des feuilles
dans un tourbillon de Mistral couleurs d'hiver
...

La lumière se fait feu

automne

(lever de soleil, octobre 1997)

(matin d'orage, septembre 1997)

(tempête à l'Arène, novembre 1998)

(yacht et mouette, Morgiou, novembre 1998)

(calanques d'En Vau et de l'Oule, novembre 1997)

(En Vau, octobre 1999)

(brèche de Castelvieil, octobre 1998)

(tempête,
novembre 1999)

(remontée des filets, septembre 1997)

(plateau de tournage, Castelvieil, octobre 1996)

(orage sur les calanques, septembre 1999)

(château de Cassis, novembre 1998)

(sous les pavés la plage, novembre 1998)

(disque solaire, Riou, octobre 1998)

(la Gineste, couleur savane, septembre 1997)

(grimpeurs dans "La traversée sans retour", Castelvieil, octobre 1998)

(col de La Gardiole, novembre 1998)

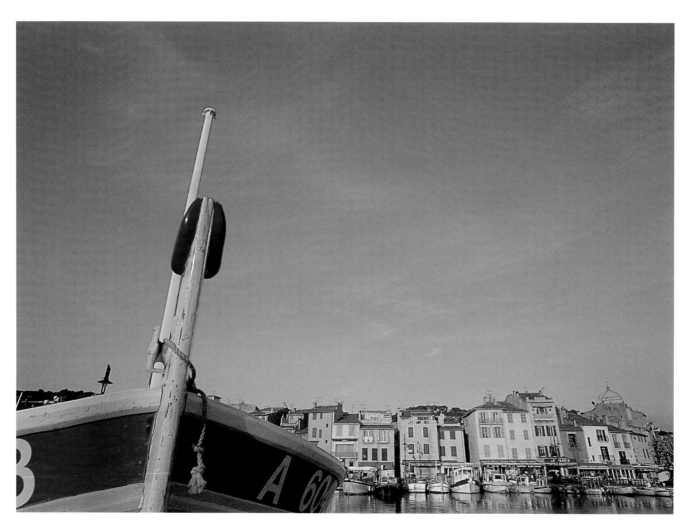

(pointu, Cassis, octobre 1997)

(sur les quais, octobre 1999)

(Laurent, spot de l'Arène, novembre 1999)

(phare de Cassis, novembre 1998)

TERRE
DES

Mer et Ciel se disputent les tempêtes
et les courtes journées quand brille un soleil d'or
le vent du nord s'essouffle à courir derrière le froid
et dans l'air les amandiers murmurent déjà le printemps

...

La lumière se fait désir

hiver

(deux hommes, la mer, février 1997)

(baie de l'Arène,
décembre 1999)

(coucher de soleil, baie de Cassis, janvier 1998)

(lever de lune, février 1997)

(sur un banc...janvier 1997)

(cordée,
février 1999)

(arête de Marseille,
la Candelle,
janvier 1999)

(toits de Cassis, décembre 1998)

(l'amandier, février 1999)

(port de Cassis, février 1998)

(phare-phare, décembre 1997)

(couleurs-Candelle, décembre 1998)

(un soir, Cassis, décembre 1999)

(ciel de braise, janvier 1997)

(coucher de lune, février 1999)

(de Canaille aux Calanques, janvier 2000)

(rouleaux, Grande Plage, Cassis, décembre 1998)

(variation géométrique, février 1998)

(ciel de feu, octobre 1997)

(cache-cache, Cassis, décembre 1998)

(jour de l'an, janvier 2000)

(fin du voyage...)

Photogravure Horizon

Collaboration artistique
Henri Espanet

Remerciements à toute l'équipe

Achevé d'imprimer en janvier 2001
sur les presses de

HORIZON
G R O U P E

Parc d'activités de la plaine de Jouques
200, avenue de Coulin
13420 Gémenos
pour le compte
de Fernando Ferreira

ISBN 2-9515302-0-X
Dépôt légal : avril 2000